布简单 2
花点时间做布艺

黄丽莹◎著

沈　丽◎摄影

机械工业出版社
CHINA MACHINE PRESS

前 言

缝一个暖心的手作，做一个有温度的手作者。这是我的初衷和不灭的追求。

17岁的我，无意中看到了一块小雏菊布料，因为喜欢跟好奇，买回来做出了我的第一个布艺作品——一个拉链零钱包。看着笨拙的一针一线，感受手作带来的惊喜，从此我便一发不可收拾地爱上了布艺。上大学后，我几乎把每个月的兼职工资都投入到手作爱好上，置物架上琳琅满目的布料和配件让我觉得生活很充实：买不到合适的背包，那我就自己做一个吧；买不到喜欢的床品，那我就自己设计一套吧；甚至是好朋友找不到合适的婚纱，我都可以来两针改造一下，让她成为最开心的新娘……

有朋友跟我说，自己也很想学，可是看起来好像很难。其实，只要你跨出了第一步，就真的不难了。我们的材料随处可找：一件过时的衣服，一个从洋娃娃上掉下来的纽扣……我也是在一针一线瞎摸索中开始了自己的手作之路。还有很多朋友问过我：开始接触布艺缝纫需要具备什么技能？准备哪些工具？我要怎么去做？其实，这些你完全没必要担心，你只要具备一颗敢于开始的心，备好基本的工具，就能开启缝纫之旅啦！也有人问我，是否需要准备一台缝纫机？我并不建议初学者一开始就买缝纫机，手缝能给你的手艺打下很好的基础，也能培养你的耐心，最最重要的是等你确定自己对布艺确实很有兴趣了，再入手一台合适的缝纫机也不迟。

我坚持布艺手作已有9个年头了，在准备这本书的过程中我就在想：如果我是一个新手，什么样的教程能使我更容易接受？什么样的教程能更吸引我？什么样的教程能让我对学习布艺手作更有兴趣？

在这本书中，我摒弃了专业知识与角度，因为在我看来，这些专业内容只会让你在翻开这本书的时候就觉得：哇，这么难，我看不懂。我也是一路自学过来的，所以，我更想用我的经验，从一个自学者的角度来告诉你们，如何轻松掌握这门技能。书中选择具有个性又实用的布艺作品，涵盖初学布艺的常用工具、布料、缝纫基本功、制作要点（含4个视频）以及34个作品（27个作品有详细教程，其中4个为视频教程），以最大的脑洞告诉你如何用最简单的工具以及日常用品去缝制一件让人赏心悦目的布艺作品。所有教程都采用实拍步骤图并配详细文字说明的形式。有些作品还在原有设计的基础上进行了扩展，希望你在学手艺的同时，在色彩搭配、材料选择方面得到提升，这是手艺作品是否让人喜爱的一个关键得分点呢！

我们学习布艺、学习缝纫，并不是为了成为一个技术精湛的缝纫师，也不是为了成为一个独具匠心的设计者，我们只是想在忙碌的生活中给自己找一样爱好和一份舒适，手作就具有这种能够暖心的温情。希望你能通过这本书喜欢上布艺。现在就准备好布料和工具，跟着我一起开始手作之旅吧！

黄丽莹

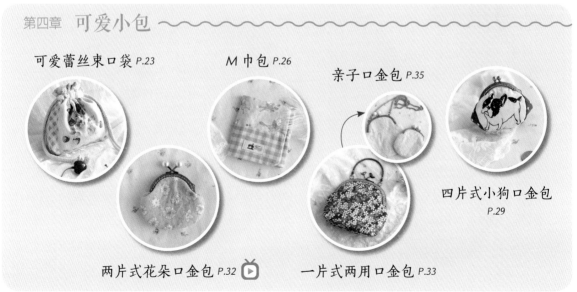

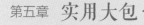

常用工具

作为一名手工爱好者，初涉布艺，暂时不需要专业的工具，准备基本的工具即可。找找身边有哪些可以使用的工具，用得顺手最重要。下面介绍一些常用工具。

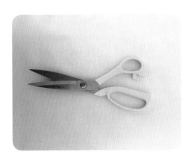

剪刀：有专门的布剪，也可用普通剪刀代替。稍微大一些的剪刀剪布不会太累，通常一把布剪的长度约为24cm。

纱剪：用来剪小线头比较方便。

拆线器：可以用来拆用剪刀难操作的针脚，更方便、快捷，还能用来拆纽扣线。

卷尺：小巧，方便使用。

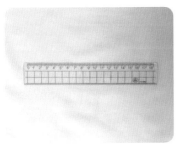

直尺：量短距离尺寸时使用直尺更便于操作。

水消笔：可以用来做记号的有水消笔、气消笔、划粉。个人偏爱水消笔，做完的记号沾水就会消失。

珠针：固定布块时使用。

针插: 方便在使用完珠针后随手安置它们。

手缝针: 尽量选用细针,这样不容易破坏布料的质地,针脚也会更好看。

线: 可以准备涤纶线和尼龙线两种。涤纶线(右边)就是普通的缝衣服的线,比较常用;尼龙线(左边)则更粗硬一些,用来缝合口金等。

熨斗: 不想专门买熨斗的初学者可以用夹头发的拉直板替代。熨烫小面积的布料时,拉直板会很方便,不过熨烫大面积布料就一定需要使用熨斗。

布料

布料多种多样,制作小件手工作品时,挑选个人喜欢的布料即可,不过也要尽量避免弹性过大、容易脱丝的布料。常用布料大致可做如下分类。

薄布料: 如纱布、雪纺、欧根纱等,布料较薄,选来做手工时如再加一层衬布会有不一样的效果。

普通质地的布料: 如平纹布、先染布、纯棉布等,厚度适中,适宜缝制小件作品,适合新手入门使用,容易缝合。

厚布料: 棉麻布、帆布、牛仔布等,缝出来的作品较为硬挺,基本没有弹性;优点是花色较多,是做布艺的首选。

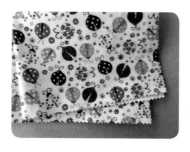

防水布: 布料上面有薄膜,可以防水,较硬,适于制作桌垫或者防水的包包等。

注意: 有些布料会缩水以及掉色,所以使用前可以先将布料过一下水。

辅棉及布衬

在做各种布艺包时，为了让包的外形更加挺括，需要增加布料的厚度及硬度，就会在布料上加上各种辅棉以及布衬等，可根据不同的需要选材。不带胶的材料需要压线固定，带胶的材料需用熨斗熨烫。

注意：用熨斗熨烫时，布料背面朝上，辅棉或布衬带胶面向下，贴紧布料；熨斗调至中档熨烫。

布衬：单面带胶；布料太薄或太软时可以加布衬使布料更挺括，但不会像硬衬那么硬。

硬衬：单面带胶；可以与布料黏合在一起，使作品更加硬挺，一般做大背包时会用到。

辅棉：制作包时常用的辅料，依克数不同来区分厚度，制作较厚或较大的包就用克数高的，反之就用克数低一些的。（笔者习惯使用180g的辅棉，布料厚时也可不用辅棉。）辅棉还分为带胶和无胶两种，带胶的方便使用，无胶的适合压线，可根据个人喜好选用。

第二章
缝纫基本功

手缝

一定要学会基础的手缝针法，掌握这几种基本针法，即使不使用缝纫机，也可以缝出精致的布艺作品。

平针缝

手缝中最常用的针法，用来拼接两块布块。针迹通常在背后，针一上一下顺着一条直线缝。

效果如图所示，针距大约是 0.3cm。

回针缝

比平针缝更为牢固，可以缝合两块布料，针迹在布料表面也更为美观。下一针缝回上一针的出针处，不断重复。

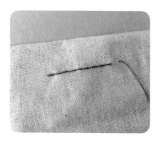

回针缝缝完，针迹像是一条连起来的线。

藏针缝

针沿缝份折痕往前缝，将线拉紧，两块布就能密合，看不到缝线。

注意：针距应尽量密一些。

缝合返口时需要用到藏针缝。

卷针缝

将两块布叠在一起，针始终由同一边入针。图中是由内向外侧入针，出针后拉紧线，再将针绕回内侧入针。

缝完后如图所示，像是在布边卷了一道道线。

机缝

通过手缝，你能够体验到很多乐趣，但是有了一台缝纫机之后，选择制作的范围会更广。你可以根据自己的需要以及理想价位选购缝纫机，主要考虑缝纫机的声音、吃厚程度，以及对缝纫功能的要求这几方面。在选购缝纫机时，商家都会教你如何使用。每台缝纫机的使用方法会有细微的不同，但是都比较简单易懂，只要你花点时间，摸清自己的缝纫机如何使用之后，就可以做出精美的布艺品了。

关于缝纫机的使用方法，在购买缝纫机时会得到清晰的讲解，下面简单介绍几个操作要点。

基本缝法

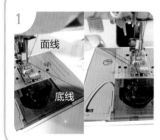

1 面线 底线

缝纫机有面线和底线，操作时把两条线都放在后面，留出约 10cm 长。

2

开始缝合布料时，两手轻轻扶着布料，以免布料走偏。

首尾倒缝

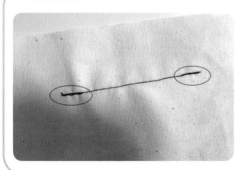

开头和结尾，可以用缝纫机的倒缝功能，倒着缝几针，再剪掉线头，可防止首尾缝线松开，这是常用的方法。

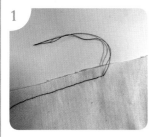

1 缝纫结束后，底线和面线留长一些。

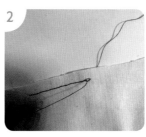

2 在布料反面拉拽底线。

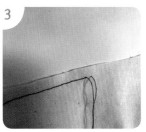

3 将底线拉至反面，使其与面线处于同一面。

4 将两条线打结，再剪掉线头。

留返口

1

返口

留返口是为了能将布料翻回正面。一般来说，方形布料的返口可留在任一条边上，而布料既有弧线边又有直边的时候，一般将返口留在直边上，以方便缝合。

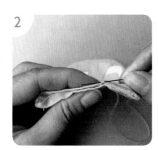

2 从返口将布料翻回正面，用藏针缝针法缝合返口，这样可隐藏缝线。

留返口
视频教程

做包底
视频教程

做包底

将两块布料缝合之后，包身底部是没有宽度的，需要将其加宽。本书中的很多作品都会讲到两端缝出两个三角形的包底，具体的折叠、画出三角形的方法如下。

1 将包身从中间拉开。

2 两侧缝线对齐。

3 压平。

4 根据所需宽度画出三角形的边线,沿着线缝合即可。

做绳带

这里介绍两种制作绳带的方法,无论哪一种,都要注意:制作时,如果绳带头尾两端是需要露在外面的,就需要先往内折;如果绳带两端是隐藏起来的,那么可以略去两端往内折这一步(即可以略去如下两种方法的第一步)。

做绳带
视频教程

根据需要裁剪绳带的长度、宽度。

方法一

1 将首尾两端先向内折约 0.5cm。

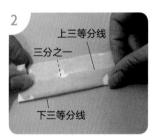
2 把布条从上到下分成三等份,将下边沿下三等分线向内折。

上三等分线
三分之一
下三等分线

3 将上三分之一部分的布条向内对折。

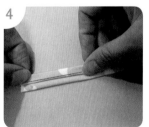
4 再沿上三等分线向内折一次,最后沿虚线缝合。

方法二

1 宽边的首尾两端先往内折约 0.5cm。

2 长边的两边均折至中线处。

| 3 | 再对折。 | 4 | 沿叠合处（图中虚线）缝线。 |

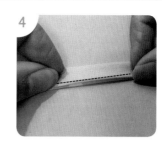

留缝份

在作品完成的尺寸的基础上，需要为缝合多留一些布料，这就是缝份。

如图所示，画线处为缝线处，两条线之间的长度就是缝合之后作品的宽度，画线与布边之间的距离就是缝份。一般缝份为0.5~1cm，对于容易脱丝的布料或是初涉手作的新手可以将缝份预留到1cm。

打牙口

打牙口
视频教程

如果布料形状为弧形或者在拐角处，那么直接翻回正面时布料会皱，而且扯不平，这时需要在翻回正面前将布料剪出牙口（如图所示）。

注意： 不要剪到缝线。

安装四合扣和气眼

四合扣和气眼等有不同的型号、大小，同样也需要使用与之对应的不同型号的安装工具。注意：安装工具不是通用的。此外，安装五金件都需要用到锤子，操作时在平整的地面上进行，可以垫上垫板。

锤子

安装四合扣

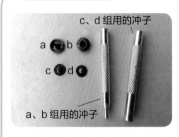

a、b为一组，是面扣；c、d为一组，为钉扣。

1 用小的打孔冲或者锥子打小孔。

2 先安装面扣。将a扣从布料小孔中穿过。

3 将b扣扣于a扣上。

4 将冲子置于b扣的眼中，用锤子垂直锤。

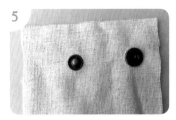

5 将d扣扣于c扣上，两扣从小孔中穿过，使用冲子安装钉扣。

安装气眼

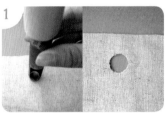

1 使打孔冲垂直于布料，用锤子开孔。

2 将气眼放在底座上。

3 将布料放置在气眼上，孔眼相契合。

放好垫圈。

4

5 将冲子的凸起部分垂直塞入气眼中，用锤子敲打。

6

完成气眼的安装。

安装拉链

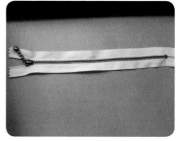

　　有些零钱包或背包通常需要安装拉链，拉链有不同的款式、长度、材质和颜色，根据自己的需要选择合适的即可。

　　用缝纫机缝制拉链前，需要换上单边压脚（图中为家用缝纫机的单边压脚）。这是因为拉链有链齿，普通的压脚会压到链齿，不好缝制。

需要先上拉链再缝制包身时的拉链安装方法

1

将要装拉链的布料一边往内折1cm，用熨斗熨平后翻到正面。

2

将布料折边一侧与拉链对齐，布料与链齿之间留约0.2cm的距离，避免链齿碰到布料而不好拉。

3

将拉链拉开，沿虚线处缝合。

4

快缝到头时停止，保持针扎在布里，抬起压脚。

5

将拉链头移到针的后方，放下压脚，继续缝完拉链。

6

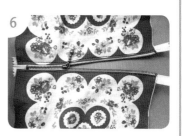

另外一侧用相同方法缝好。

1

已经缝制完的包身。

2

标记好拉链与包身的中点。

3

使拉链中点与包身中点相对，用珠针固定。（拉链正面对着里布）

4

正面如图所示，使链齿与包口对齐。

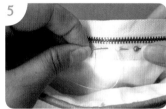

5

从中点开始，用回针缝的针法缝完一圈，并注意针不要扎透表布。（拉链有暗暗的线迹，沿其缝会笔直一些）

6

首尾两端离侧边拼接处约 0.5cm 时停止缝线，再从同一中点用相同方法向另一个方向缝制。拉开拉链，再用相同方法缝另一侧拉链。

7

缝完后，将首尾两端像图中一样往下折。

8

折角处用藏针缝方法缝好。

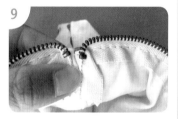

9

另外一端的处理方法相同。

处理拉链两端的方法

剪断太长的拉链之后或者想要更美观时，我们会处理一下拉链两端。

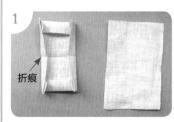

1

折痕

准备好布块，约 5 cm×7cm。如图中左边所示，将四边往内折 1cm，熨平，再对折并熨出折痕。

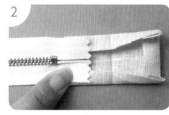

2

将拉链一端放置在布块的一端。

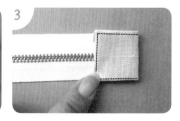

3

将布块对折，包住拉链，沿虚线处缝合。

第三章

手边美物

复古手账本套

· 材 料 ·

准备两块布，布料尺寸根据手账大小确定，除缝份外，左右比手账本各多出 5cm 左右即可。

·步骤·

1

将两块布反面相对叠放，把手账本放在布料中间，用水消笔画出轮廓（正面、背面、侧面）。

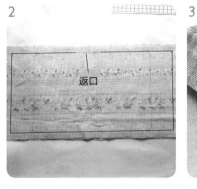

2
返口

将画好的轮廓线向左右延长 5cm 至图中虚线处，缝合，留返口。

3

将四个角的多余布料剪去。

4

从返口将本套翻回正面。

5

用藏针缝缝合返口。

6

将本子放在本套中间，把布料左右两边沿本子边缘内折并做记号。

7

用藏针缝缝合 4 处。

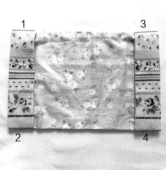

缝好后就可以使用了。

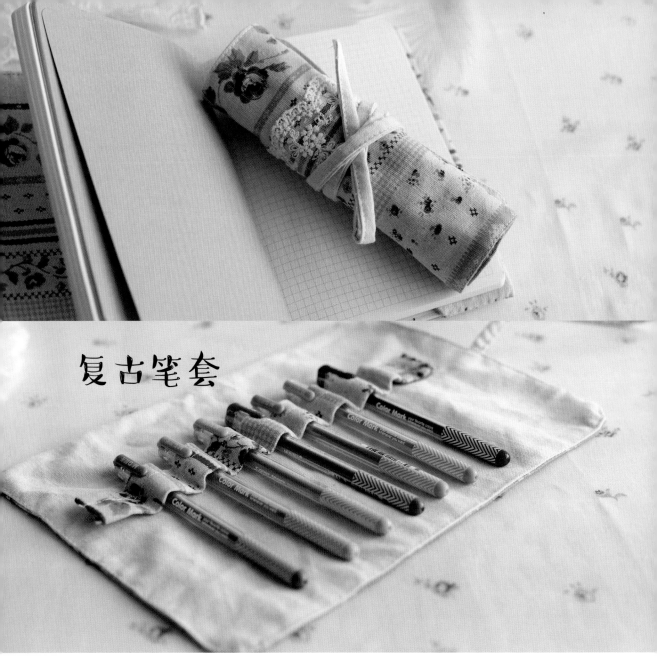

复古笔套

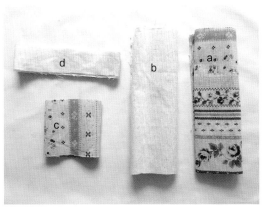

· 材 料 ·

a、b：26cm×19cm

c：28cm×8cm

d：55cm×3cm

· 步 骤 ·

1

分别按照第二章做绳带的方法一和方法二将布条 c 和 d 缝成绳带。

2

将缝好的细绳带放置在布料 a 的线上，固定。

3

将布料 a、b 正面相对，四周缝合，留返口。

注意： 将四个角缝成圆弧形，这样翻到正面会更平整。

4

四个角剪去多余的布料。

5

从返口将布袋翻回正面，四周压一圈线。

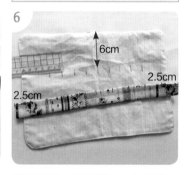

6

翻到背面，如图所示，在距离上方长边 6cm 处，左右两端留空位，将中间部分分为八格（每格约 2cm）。将缝好的 c 绳带左右两端各留 2.5cm，然后也将其中间分为八格（每格约 2.5cm）。

7

将绳带对准画线处缝合。

8

在正面加蕾丝或其他装饰，挡住缝合的线头，完成制作。

拼布 ipad 包

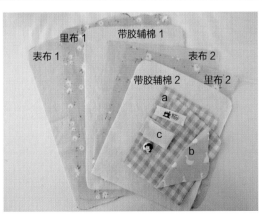

·材料·

表布 1：23cm×34cm　　表布 2：23cm×27cm

里布 1：23cm×34cm　　里布 2：23cm×27cm

带胶辅棉 1：21cm×32cm

带胶辅棉 2：21cm×25cm

将 3 块布料 1 的四个角修剪为圆角，3 块布料 2 的

底下两个角修剪成圆角。

a：14cm×34cm　b：14cm×14cm

其他：小布条（c），扣子，织唛

将表布和辅棉熨烫在一起。

将表布2与里布2正面相对放好。
（包身的前片）

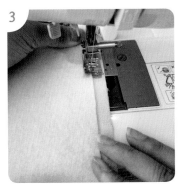

沿着辅棉边缘缝合一圈，留返口。

在圆角处剪出牙口，翻回正面，
缝合返口。

取表布1，将布块a对齐其一边，
内折0.7cm；将布块b对角折，
固定在表布1另一边的顶角上。

沿虚线缝合。

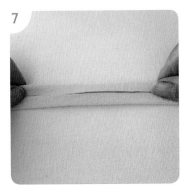

取布条c，约8cm长，
将两边往中间折。

再对折，并缝合。

将布条固定在第 6 步缝制好的表布 1 的顶部中间。

参考第 2~4 步，以同样的方法缝制包身的后片（表布 1、里布 1）。

在前片底部缝上织唛，将前、后片背面相对放好。

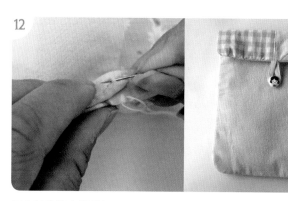

用藏针缝缝合前片与后片，再缝好扣子，完成制作。

手机袋

我们可以用类似的方法给手机或充电宝做一个袋子，既能保护好电子设备，又能赏心悦目。

制作要点：袋子的尺寸根据自己的设备而定，袋子尺寸比设备尺寸大1~2cm即可。

卡通钥匙包

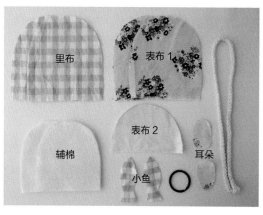

里布　表布 1

辅棉　表布 2

小鱼　耳朵

· 材料 ·

依书末纸样剪下表布 1（2 片），表布 2（表布 1 的上半大小），里布（2 片），带胶辅棉（2 片），小鱼形状布料（2 片），耳朵（可如图中所示剪成 2 片椭圆形，或依书末纸样剪成 4 片半圆形的布料）钥匙圈 1 个，麻绳 1 条，一点棉花（用于填塞小鱼的身体）。

1

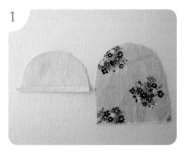

将表布 2 下边向内折约 0.5cm。

2

将表布 2 与表布 1 沿虚线缝合。

3

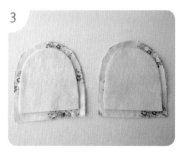

将辅棉和表布 1 熨烫在一起。

4

把表布和里布正面相对放好。

5

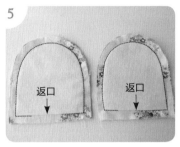

顺着辅棉边缘缝合一圈，留返口。

6

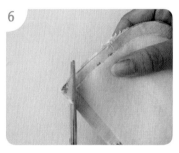

将底下两个角剪掉（不然翻到正面会太厚，不平整）。

7

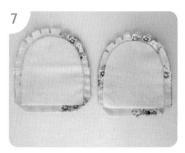

在弧线边缘剪牙口。

8

将袋身翻回正面，用藏针缝缝合返口。

9

缝合小鱼和耳朵，再缝上五官，留返口。

10

将缝好的耳朵翻回正面，缝在袋身的背面。

11

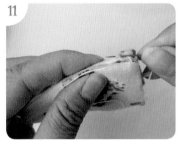

将前、后片用藏针缝缝合。

12

将小鱼与麻绳缝合，把麻绳穿过袋顶中间的洞，再系上钥匙扣，完成制作。

发带

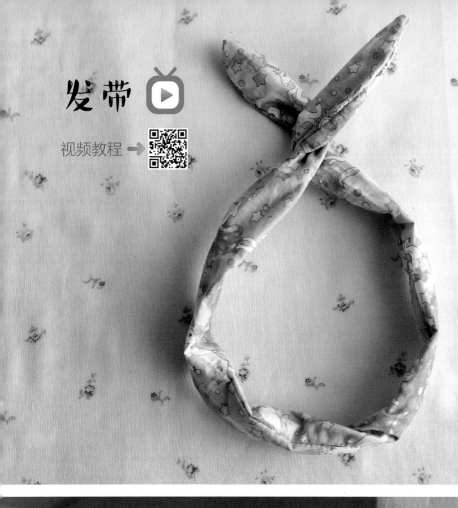

视频教程 →

发带是很容易制作的。选择喜欢的布料，缝好后装入鱼骨定型丝就可以了。还可以自己调节大小，做个小孩子版本的，做成亲子款会更有意思哦！

压线杯垫

视频教程

给杯子做上一个垫子，看起来都会觉得温暖舒适。用同样的方法，也可以给你家的水壶等器具做一个垫子。

第四章

可爱小包

可爱蕾丝束口袋

里布　里布　表布　表布

宽蕾丝

麻绳

· 材 料 ·

材料：表布：21cm×21cm，2片

里布：21cm×21cm，2片

宽蕾丝：2.5cm×20cm，2条

麻绳：66cm

· 步 骤 ·

袋口

使两片表布正面相对对齐，沿虚线
缝合左、右、下三边，留袋口。

缝合。

缝合后做包底。将包身从中间往
两侧拉开，使侧边缝线位于中间
并对齐。

底部两边各画出一道 5cm 的线，
形成 2 个三角形。

沿画好的线缝合，表袋就制作完成了。

用同样的方法缝合里布，
完成里袋。

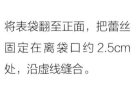

将表袋翻至正面，把蕾丝
固定在离袋口约 2.5cm
处，沿虚线缝合。

8

另外一面用同样的方法缝上蕾丝。

9

将两条麻绳按图示方向（像两个横放的开口相对的字母"U"）放进蕾丝中。

10

用珠针将麻绳固定。

11

将两边的麻绳打结。

12

将蕾丝的底边也与表袋缝合（沿虚线），另外一面也如此。

13

将里袋放入表袋中，背面相对。

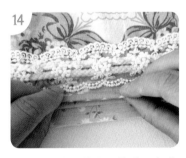

14

将里袋和表袋的袋口均往里折约1cm。

15

将袋口缝合一圈。

16

完成制作。

M 巾包

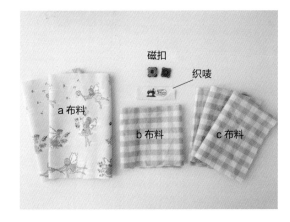

a 布料：15cm×39cm，2 块

b 布料：9cm×39cm，1 块

c 布料：15cm×21cm，3 块

织唛 1 个、磁扣 1 对

· 步 骤 ·

1

取 a 布料 1 块，将 b 布料往内折约 0.7cm。

2

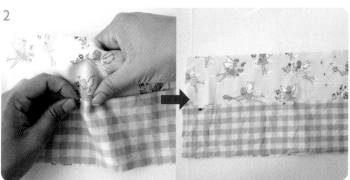

将 b 布料反过来盖在 a 布料上，底边对齐，然后用珠针固定。

3

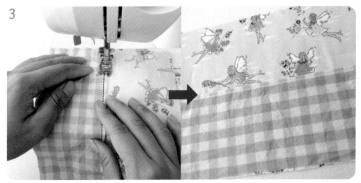

沿虚线将 a、b 布料缝合。

4

将织唛两边往内折约 0.5cm，置于右下角。

5

缝合织唛，正面制作完毕。

6

取 c 布料 1 块，对折。将布边向内折约 0.7cm，用珠针固定。

7

将两布边缝合（沿虚线）。

8

将 c 布料另外 2 块也对折，布边无须内折。

9

将 3 块 c 布料用熨斗熨平。

10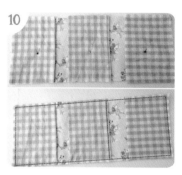

取来第 2 块 a 布料，将 3 块 c 布料按图示摆放好（有内折的放中间），沿虚线缝合固定，背面完成。

11

将正面与背面两片正面相对放在一起。

12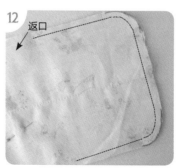

返口

四个角修剪成圆角，沿虚线缝合，留返口。

13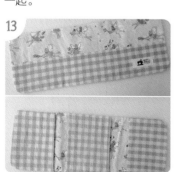

从返口处翻回正面，用藏针缝缝合返口。

14

缝上磁扣，完成制作。

四片式小狗口金包

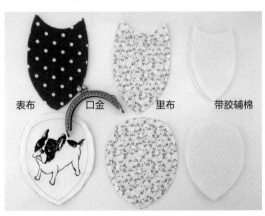

表布　　口金　　里布　　带胶辅棉

· 材 料 ·

根据书末的纸样裁剪出表布4片（如图
所示，2种表布各2片）、里布4片（如
图所示，2种里布各2片）、带胶辅棉
4片（如图所示，2种辅棉各2片）、
8.5cm弧形口金1个。

1

将辅棉置于表布背面，熨烫。

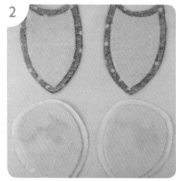

2

将 4 块表布与辅棉熨烫好。

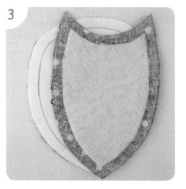

3

将 2 片形状不同的表布，依布料一边的弧度正面相对叠放。

4

沿辅棉的边将 2 片布缝合。

5

取第 2 片有小狗图案的表布，用相同的方法与圆点表布缝合。

6

3 片表布缝好后如图所示。

注意: 底部尖角处的针脚要重合在同一个点上。

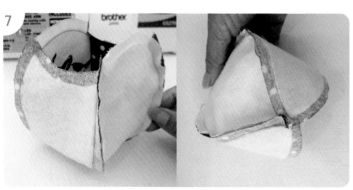

7

用同样的方法缝好第 4 片表布，底部的针脚都落在同一个点上。

8

用同样的方法缝合里布。将缝好的表袋翻到正面。

9

把表袋套入里袋中（正面相对），缝合袋口一圈，留返口。

注意：返口尽量留在袋口某一边的中间。

10

袋口处剪一圈牙口。

注意：不要剪到缝线。

11

从返口处将布袋翻回正面。

12

用藏针缝缝合返口。

13

在袋口的中心点做记号，并找出口金的中心点。

14

从袋口中心点入针，从口金中心孔出针。

15

拉紧线，将袋口布塞入口金的缝沟中。

16

从左边第1个孔入针。

17

从左边第2个孔出针。

18

再从左边第1个孔入针，用回针缝缝口金。

19

完成制作。

四片式小狗口金包　**31**

两片式花朵口金包

视频教程 ➜

　　前面用8.5cm的弧形口金做了一个四片式的口金包，若做成两片式的，成品的效果会很不一样。两片式的会更扁平，方便放进小背包里面，当然，装的东西也相对会少一些。

一片式两用
口金包

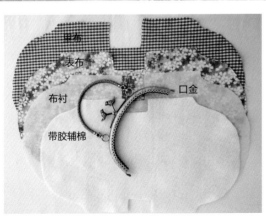

根据书末纸样裁剪出里布、表布、布衬、
带胶辅棉各1片，16.5cm 弧形口金1个。

注意：所用布料较厚时不用布衬，布衬
与表布、里布同尺寸。

1

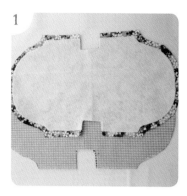

将辅棉与表布熨烫在一起，布衬与里布熨烫在一起。

2

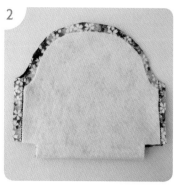

将表布正面相对对折，左右各缝一道线（图中虚线处）。

3

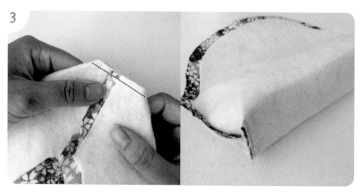

把侧边往两边打开，按图中虚线所示缝合两侧包底。

4

用同样方法缝合里袋，将表袋套入里袋中，正面相对。

5

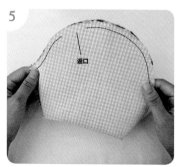

返口

缝合袋口，留返口。

6

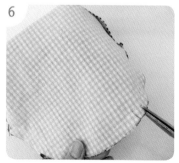

在袋口弧形处剪出牙口。

7

从返口处将布袋翻回正面。

8	9	10

整理好整个包身。	用藏针缝缝合返口。	上口金（具体做法可参考四片式小狗口金包），完成。

扩展作品

亲子口金包

　　制作口金包的口金有不同的尺寸，该款亲子口金背包就是选择了相同款式不同尺寸的口金来制作的。加上链条就可以跟宝宝一起背上街啦！

　　制作要点：该款口金包用的表布是蕾丝布，由于蕾丝布是透的，在其下方又加了一层白色的布料。在其他的布艺作品中，也可以选择蕾丝布料与纯色布料叠加的方法，会有意想不到的效果哦！

双层手拿包

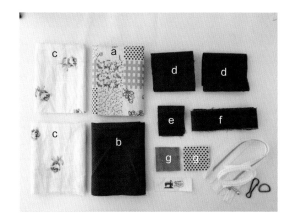

·材料·

表布 2 片（a、b）：21cm×24cm

里布 2 片（c）：21cm×24cm

拉链布 2 片（d）：24cm×7cm

其他布料：e、f 用来做绳带，g 用来缝在拉链两端

拉链 1 条、织唛 1 个、蕾丝 1 段、扣子 1 套

·步骤·

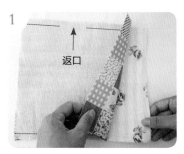

1

使表布 a 和 1 片里布正面相对，上下缝合，留返口。

2

缝好后从中间提起，整理。

3

整理好后，左右两侧沿虚线缝合。

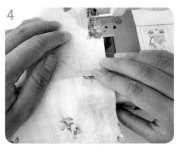

4

缝合。

5

缝合后从返口处将布袋翻回正面。

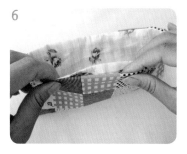

6

整理好包身，用藏针缝缝合返口。

7

用同样的方法缝合另外一个包身。

8

在素色包身上缝织唛。

9

将拉链左右两端多余的部分剪掉。

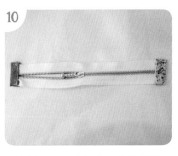

10

用布料g包住剪好的拉链的两端，缝合。

11

将2片布料d按图示折好。

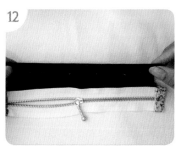

12

将拉链上半边放入1片布料d中。

13

将布料d对折。

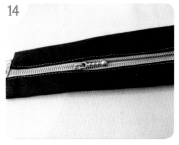

14

下半边也做相同处理，然后将布料与拉链缝合。

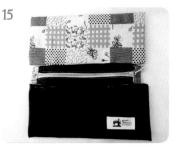

15

将缝好的拉链与两个包身的外层固定好。

16

将拉链与包身缝合。

17

缝合后，在素色包身上加蕾丝。

18

在两个包身间缝上短绳带。（具体制作方法参考第二章）

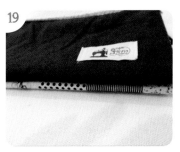

19

包身接合处用藏针缝缝好。

用扣子将长绳带连接上，完成制作。

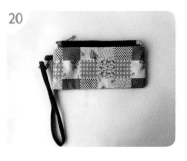

20

清新花草零钱包

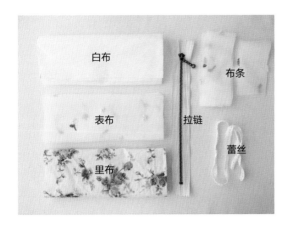

表布、里布、白布：19cm×26cm

布条 2 条：45cm×4cm，10cm×4cm

蕾丝 1 条、拉链 1 条

· 步骤 ·

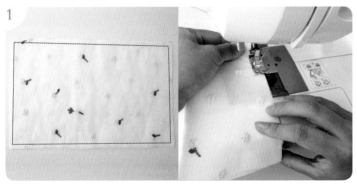

将白布依虚线缝合在表布背面。（由于表布太薄太透，故加上一层白布）

整理好表布和里布。

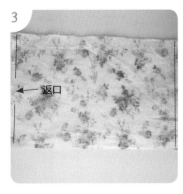

将表布、里布正面相对，两边缝合
（沿虚线），留返口。

将布袋从中间提起。

将布袋整理好。

6

将 2 条布条都缝成绳带。

7

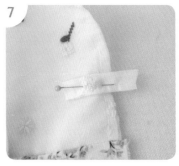

将短的绳带对折，固定在表袋上。

8

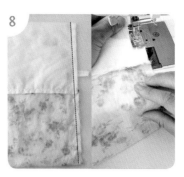

沿图中虚线缝合两边。

9

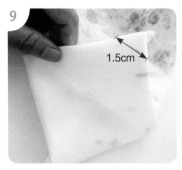

1.5cm

整理出侧边三角形，缝合包底。

10

从返口处将布袋翻回正面。

11

将布袋整理好。

12

将袋口缝合一圈。

13

在袋口缝合一圈蕾丝边。

14

缝上拉链。

15

将第 7 步中缝好的长
绳带系上。

16

完成制作。

两折钱包

如果想要规整地放置纸币，那么两折钱包是个不错的选择。这款钱包可以放置一百元的纸币以及各种交通卡和银行卡。

制作要点：在制作钱包时，可以用最大尺寸的百元纸币以及银行卡来量大小，根据卡片的数量做出适量的卡槽，最后用布条包边即可。

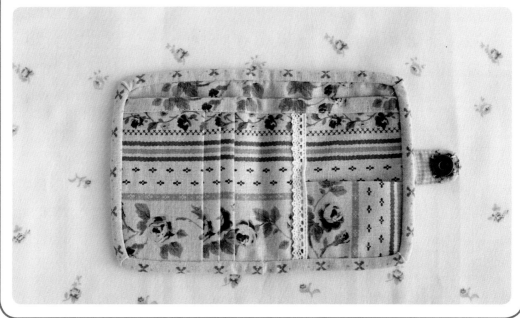

贝壳化妆包

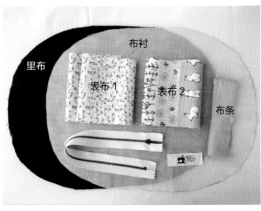

· 材 料 ·

表布1：38cm×11cm，2片

表布2：40cm×11cm

里布：36cm×27cm

布衬：36cm×27cm

（里布和布衬根据书末所附的纸样修剪成椭圆形）

布条1条（包边用），拉链1条，织唛1个

1

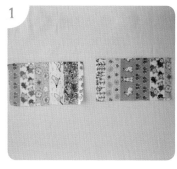

将表布 2 剪成两半。（如果布面的图案不分正反，可以省略步骤 1、2）

2

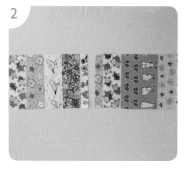

将右半片旋转 180°，将两块布重新缝合。（对比步骤 1 的图）

3

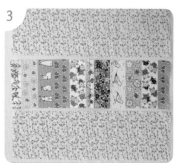

将表布 1 和 2 按图示拼接。

4

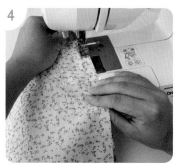

缝合表布。

5

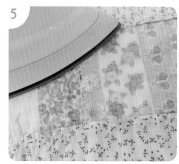

背面拼接处用熨斗熨平。

6

将布衬放在表布上，用水消笔沿着布衬边缘画出椭圆形，剪出椭圆形表布。用同样的方法裁剪里布。

7

将布衬熨烫在表布背面。

8

织唛

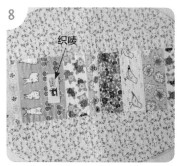

缝上织唛。

9

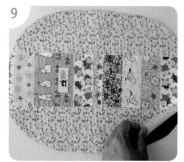

表布和里布背面相对，可以缝一圈线固定。

10

取布条，在布条一边画 0.7cm 的缝份。

11

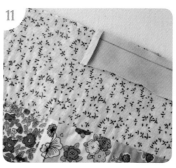

将布条画好记号的一边与包身（正面）一边相叠，并将布条首端先反折约 1cm。

12

沿着记号线机缝。

13

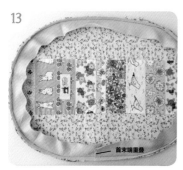

缝合一周。

注意：布条的首端跟末端要重合，将多余的布条剪断。

14

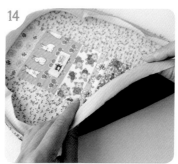

将布条翻到袋身另外一面。

15

将布条对折，与袋身边缘对齐。

16

再折一次，将包身包住。

17

用珠针固定。

18

将一整圈绲边固定。

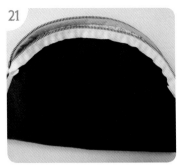

用藏针缝缝一圈。

将拉链中心点与包身中心点对齐，缝合拉链。

对齐，缝好另外一边拉链。

注意：拉链两端多余部分应往里折入。

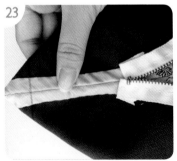
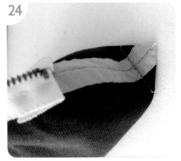

袋身两侧用藏针缝缝合。

在侧边袋底画一道长约 3cm 的线。

按图示缝合，用同样的方法缝合另一边。

翻到正面，袋底如图所示。

完成制作。

翻盖小包

视频教程 ➡

小巧的翻盖小包可以用来装很多零碎的东西，比如耳机线、零钱、口红，甚至卫生巾都是可以的，制作起来也很容易。

第五章

实用大包

手拎饭盒袋

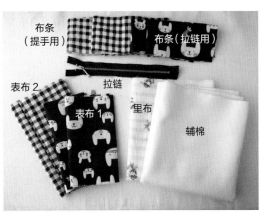

布条（提手用）　布条（拉链用）

表布 2　表布 1　拉链　里布　辅棉

· 材 料 ·

表布 1：37cm×15cm，2 片

表布 2：37cm×20cm，2 片

里布：37cm×64cm

辅棉（不带胶）：37cm×64cm

布条（提手用）：60cm×8cm，2 片

布条（拉链用）：28cm×14cm，2 片

拉链 1 条

1

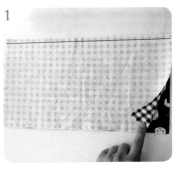

表布1、表布2正面相对缝合（沿虚线），完成2组。

注意： 带图案的布料应注意图案的朝向。

2

将完成后的2组表布正面相对，沿图中虚线缝合三边（留袋口位置不缝）。

3

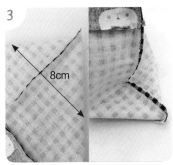

制作包底。画出三角形边线并缝合。

4

将布袋翻至正面。

5

将辅棉与里布背面放在一起，重复步骤2、3完成里袋的制作。

6

将里袋套入表袋中，背面相对。

7

将拉链用的布条的四边往内折约0.7cm。

8

将布条对折，包住拉链上半部分。

9

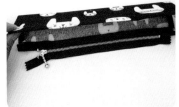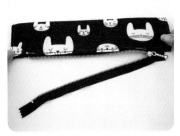

将布条沿虚线与拉链缝合在一起。

10

拉链下半部分也用同样的方法与布条缝合。

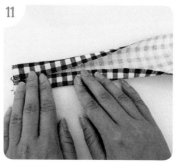

11

用布条制作提手布带。将布条两边往中间折。

12

再对折一次，沿虚线缝合。

13

制作两条提手布带。

14

将袋口的表布、里布均往内折1.5~2.5cm。

15

将提手布袋放入表布与里布的中间。

16

用珠针固定，另外一边亦同。

17

固定好拉链。

18

将整个袋口缝合一圈，完成制作。

双面可用单肩背包

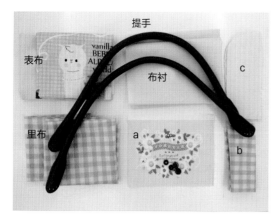

提手

表布

布衬

里布

a

b

c

· 材 料 ·

表布：35cm×45cm，2片，一片有图案，一片为素面

里布：35cm×45cm，2片

布衬：35cm×45cm，2片

布料a：17cm×13cm

布料b：24cm×22cm

布料c：16cm×7cm，2片，剪圆弧形

提手1对、四合扣1对

· 步 骤 ·

1

将布衬和表布熨烫在一起。

2

用布料a制作包身外面的口袋，将口袋的上边往下折两次，缝一道线。

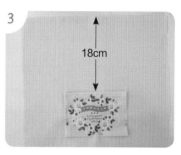

3

18cm

将口袋固定在离素色表布上边约18cm处，除袋口外，其他三边往内折，用珠针固定。

4

将左、右、下三边与表布缝合。

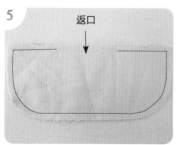

5

返口

将布料c两片对齐缝合，留返口，制作成口袋盖。

6

从返口处将口袋盖翻回正面。

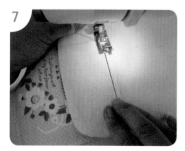

7

将口袋盖缝在口袋上方（沿虚线）。

同样的方法，用布料b制作里袋的口袋，固定在离里布上方约10cm处。

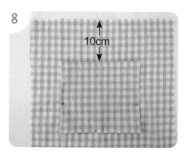

8

10cm

9

将左、右、下三边与里布缝合。

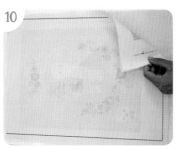

10

将2片表布正面相对，沿虚线缝合。
（袋口位置不缝）

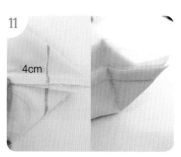

11

4cm

在底部侧边缝出4cm宽的三角形。
（左、右两边都缝）

12

剪去多余部分，表袋制作完成。

13

用同样的方法做好里袋。

14

将里袋塞入表袋中，背面相对，整
理好。

15

将里袋和表袋各往内折2cm左右。
（袋子太长的话可以多折一些）

16

用珠针固定。

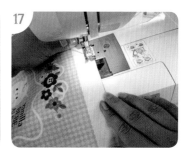

17

缝合袋口一圈。

18

用回针缝缝上提手。

上四合扣，亦可不上。

19

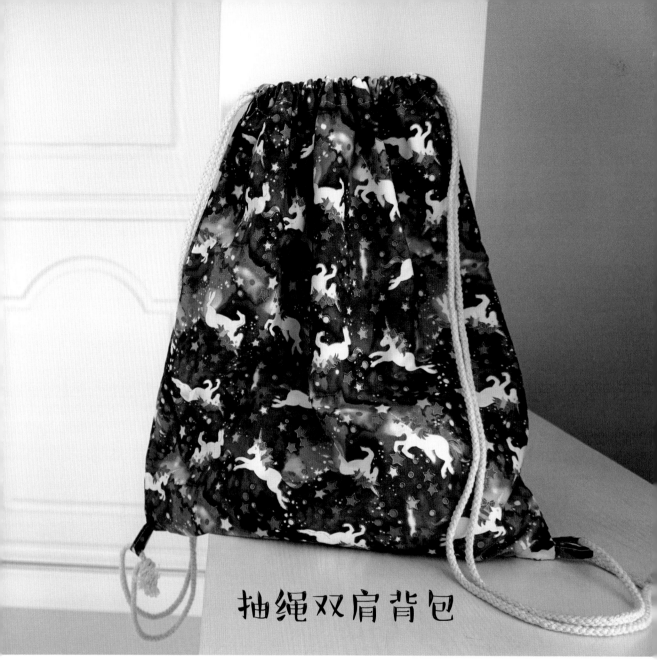

抽绳双肩背包

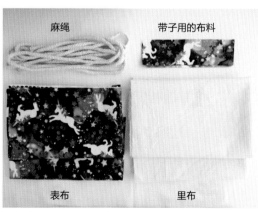

麻绳

带子用的布料

表布

里布

· 材 料 ·

表布：40cm×50cm，2片

里布：40cm×50cm，2片

带子用的布料：16cm×4cm，2片

麻绳：180cm，2条

1

先制作带子。将布料两边向内折向中线，然后对折。

2

缝合，放一旁待用。

3

将2片表布正面相对，对齐放好，沿虚线将底边缝合。

4

将第2步缝好的带子对折后夹入两片表布之间（底部），左右两边各一条。

5

8cm

将2片表布左右的边缝合，缝到距袋口8cm处停止。

6

用同样的方法缝制里袋，将里袋和表袋均翻到正面，把里袋套入表袋中，背面相对。

7

整理包身。

8

将袋口8cm的部分往内折（表布跟里布背面相对）。

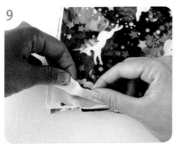

9

用珠针固定好。

10

缝合。

11

缝好后正面如图所示，另外一边
也用第 8~10 步的方法缝制。

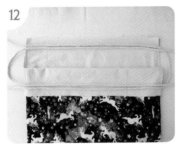

12

将麻绳呈横着的 U 字形摆放在包身
的顶部，另外一条呈相反方向摆放。

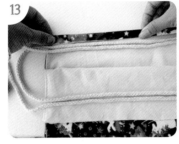

13

将袋口往下折约 0.7cm。

14

再往下折约 1.5cm，保证能包住
麻绳并且留有一点空间。

15

将袋口两边都折好，并用珠针固定。

16

沿虚线缝合固定。

17

将麻绳穿过底部的带子，打结。

18

另外一边用同样的方法绑好麻绳，
完成制作。

单肩斜挎背包

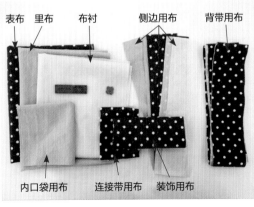

表布　里布　布衬　　側边用布　　背带用布

内口袋用布　　连接带用布　装饰用布

· 材 料 ·

表布、里布、布衬：36.5cm×88cm

側边用布（表布、里布、布衬）：

26.5cm×6.5cm，各2片

背带用布：140cm×4cm，2片

内口袋用布：22cm×15cm

连接带用布：8cm×8cm，2片

装饰用布：60cm×12cm

• 步 骤 •

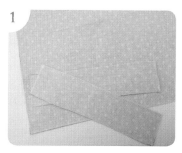

1

将所有的布衬都与表布熨烫在一起。

2

熨烫后包身表布上半部分要做包盖，将包盖和侧边用布的底部修剪成圆弧形。

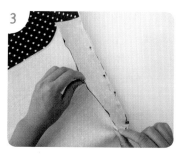

3

将侧边用布与包身表布按图示固定，形成包身的前片、后片、两侧边、包盖。

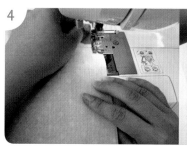

4

缝合两侧边与包身前、后片。

5

将表袋翻到正面。

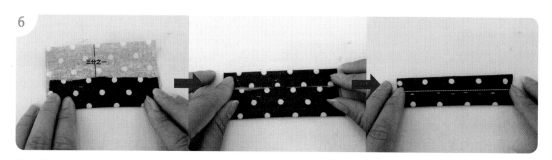

6

依照第二章中做绳带的方法一（首尾两端不用向内折）制作连接带。

7

制作背带。将布条两边往中间折，再对折，然后缝合开口一侧的长边（箭头所指一侧）。

8

制作好连接带和背带各2条。

9

将连接带固定在包身的侧边靠近
包口处。

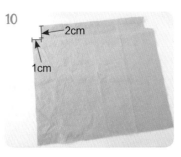

10

2cm
1cm

制作内口袋。顶部可以剪两个缺口
（1cm×2cm），避免太厚。

11

将顶部剪缺口的部分往内折两折。

12

沿虚线缝一道线。

13

翻到正面，将其余三边往内折
1cm，固定在里布的相应位置上，
即里袋后片的中央位置。因为里袋
的制作方法与表袋相同，大家可以
自己估算一下内口袋的缝合位置，
也可根据自己的使用习惯缝在合
适的地方。

14

将左、右、下三边与里布缝合。

15

重复第3、4步，缝好里袋。

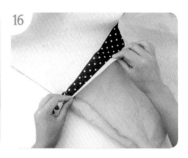

16

将表袋套入里袋中，正面相对。

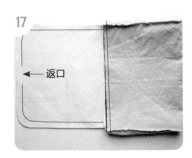

17

←返口

沿虚线缝合里袋和表袋，留返口。

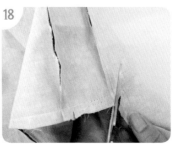

18

侧边接合处剪牙口，防止翻到正面
时会皱。

19

将包袋翻到正面，用藏针缝缝合
返口。

20

用熨斗熨平包身。

21

缝上磁扣和木质牌。

22

将背带穿过连接带。

23

打个结，另外一边亦同。

24

可将剩余布料做成装饰物，系在背带上。

25

完成制作。

儿童双肩包

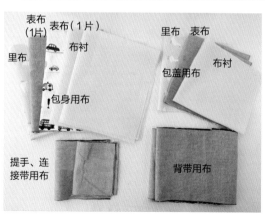

包身用布（表布、里布、布衬）：24cm×34cm，各2片（两种花色的表布各一片）

包盖用布（表布、里布、布衬）：20cm×24cm

· 材 料 ·

背带用布：45cm×15cm　提手用布：16cm×10cm

连接带用布：16cm×8cm，2片

日字扣2个，麻绳1条，装饰木牌1个，气眼2套

1

先将包身表布和包盖表布与布衬
熨烫在一起。

2

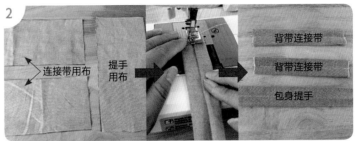

连接带用布　提手用布

背带连接带
背带连接带
包身提手

按照第二章制作绳带的方法一（首尾两端不用向内折）做出提手和2
条连接带。

3

按照做绳带的方法一制作背带。

4

13cm

将连接带穿过日字扣一端，固定在
包身表布前片上。（日字扣背面
朝上）

5

包口

将两块表布放在一起，正面相对，沿虚线缝合三边，留出袋口。

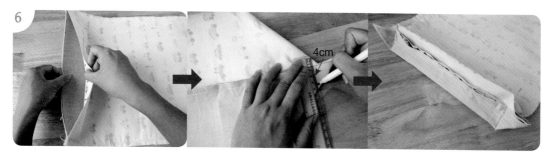

按照第二章做包底的方法缝合。

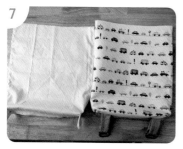

用同样的方法缝合里布，制作里袋，将表袋翻回正面。

将里袋塞入表袋中，背面相对。

将里袋和表袋各往内折约2cm。

用珠针固定。

制作包盖。将包盖的里布、表布正面相对，对齐放好，沿虚线缝合。

在圆弧处剪出牙口。

13

将包盖翻回正面。

14

整理好包身，将包盖、提手、背带放入包身后片表袋、里袋的夹层中。

15

用珠针固定。

16

将袋口缝合一周。

17

将背带穿过日字扣。

18

缝上木质牌饰和磁扣。

19

袋口处上气眼。

20

将麻绳穿过气眼，系好，完成制作。

袋鼠兜儿童背包

　　儿童背包的制作方法基本一致，可以自己稍加改变，比如用不同的布料拼接，改变包盖的形状等。

　　制作要点：该款儿童背包在前面加了一个袋鼠兜（图中六边形带小丑图案的部分）。制作时先将袋鼠兜的布料与包身的前片布料缝合，再进行其他的步骤即可。

第六章

居家妙物

花草格子纸巾套

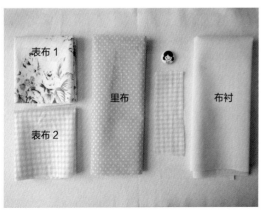

表布 1

表布 2

里布

布衬

· 材 料 ·

表布 1、表布 2：32cm×20cm

里布：32cm×39cm

布衬：32cm×39cm

布条：8cm×3cm

扣子 1 个

1

将 2 块表布正面相对，沿虚线缝合。

2

将布衬与缝好的表布熨烫在一起。

3

将表布、里布正面相对，对齐放好。

4

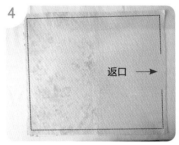

返口 →

沿虚线缝合表布和里布，留返口。

5

从返口处将布袋翻回正面。

6

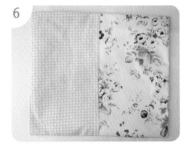

翻回正面后效果如图所示。

7

在四周（距边缘 0.2cm 处）压一圈线。

8

将布袋的上下两边往中线处折叠。

9

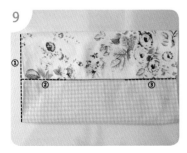

①
②
③

将图中的 3 处虚线用藏针缝缝合。

10

制作小带子。

11

在未缝合的短边中间缝上带子和扣子，完成制作。

拼布方形抱枕

· 材 料 ·

布料 a、c：14cm×26cm

布料 b：22cm×19cm

布料 d：22cm×11cm

布料 e：44cm×24cm

后片上：44cm×24cm

后片下：44cm×40cm

里布：44cm×44cm，2 片

· 步 骤 ·

1

将 b、d 两片布料正面相对，沿图中虚线处缝合。（注意图案朝向）

2

缝合后将布料 d 打开。

3

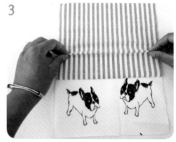

按图所示捻起布料约 1cm 高，往下折。

4

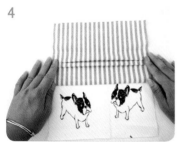

折两道。

5

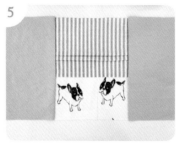

折完后使其整体长度与布料 a、c 一致。

6

用熨斗将折叠部分熨烫平整。

7

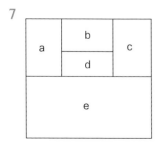

按图示拼好前片布料。

8

缝合。

9

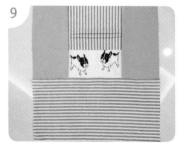

缝合后前片完成。

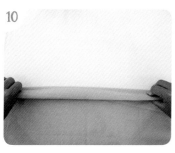

10

11

12

将后片（上、下）布料往下折两折。沿虚线处缝合。

完成后片上、下两片。

13

14

15

将前、后片正面相对，后片的上、下两片重叠（见图）。

缝合四周，将抱枕套翻到正面。

将2片里布正面相对，缝合四周，留返口；翻回正面，塞入棉花，缝合返口。

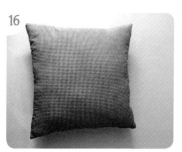

16

将里布缝好后，再套上枕套，完成制作。

南瓜针插

· 材 料 ·

圆形布料: 直径15cm, 2片

棉花1团

纽扣1个

1

将布料对折两次，呈扇形。

2

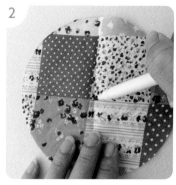

打开，在中心点做一记号。

3

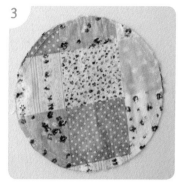

将2片布料正面相对放好，缝合一圈。

4

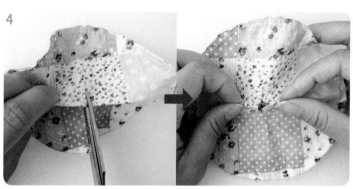

在其中一面布料的中间剪一道返口，约1.5cm长。

5

从返口处将布袋翻回正面并塞入棉花。

6

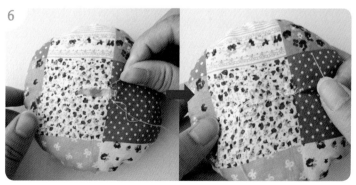

缝合返口。

7

取尼龙线穿针。若没有，普通的线也可以，较粗的线为好。

8

从布团底面的中心点入针。

9

从布团表面标记的中心点出针，将针拉出。

10

将针线绕到底面，从底面入针，表面出针。

11

将线拉紧。

12

重复步骤10、11，将针从与其对称的另外半边绕到底面入针，再从表面出针。

13

重复步骤10、11，将针插分成两半。

14

用同样的缝法，将针插分为8份。

15

将纽扣缝上，挡住返口缝线处。

16

完成制作。

森系泡芙坐垫

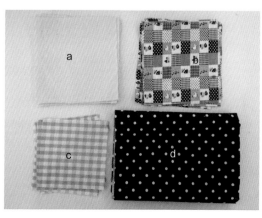

· 材料 ·

布料 a: 14cm×14cm, 8 片

布料 b: 14cm×14cm, 8 片

布料 c: 12cm×12cm, 16 片

布料 d: 44cm×44cm, 1 片

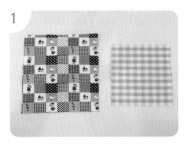

取一大一小两片正方形布料 b、c（或 a、c）。

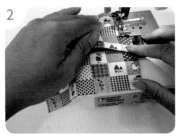

将两块布料背面相对、四角对齐，把布料 b 多出的部分捏成褶，然后将两块布缝合。

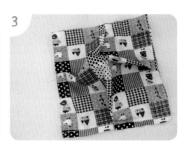

缝合后会形成一个凸起的空间。

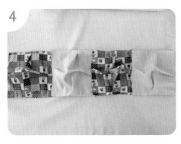

重复 1～3 步，缝好 4 个正方形，拼接在一起，成一组方形长条，一共缝 4 组。

将拼接好的 4 组方形长条再拼接成一个大的正方形。

将底布（d）与拼接好的大正方形布料正面相对，沿图中虚线缝合。返口留大一点，返口所在一边头尾稍微缝合即可。

缝合。

翻到背面，在每个小正方形上剪一道小口。

从小口处塞入棉花。

塞完棉花后将小口缝合。

从返口将坐垫翻回正面，用藏针缝缝合返口。

完成制作。

蓝色简约风泡芙坐垫

不同的布料组合会有不同的视觉效果，还可以根据自己的需要变换方块布的大小或增加方块布的数量。

绒面坐垫

该款坐垫很容易制作。将两块布缝合后塞入棉花，然后缝好图中九个红扣子的点，用线固定住，形成九个凹坑即可。

制作要点：缝扣子的线应使用结实的尼龙线。

拼接水壶袋

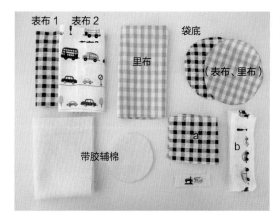

·材料·

表布1、表布2：30cm×12.5cm

里布：30cm×24cm

袋底（表布、里布）：直径10cm

布料a：15cm×7cm，2片

布料b：50cm×4cm，2条

方形带胶辅棉：26cm×20cm

圆形带胶辅棉：直径8cm，织唛1个

·步骤·

1

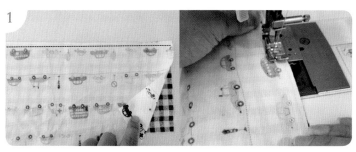

将两块表布正面相对，沿虚线缝合。注意图案的方向。

2

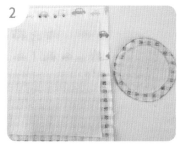

将带胶辅棉与表布熨烫在一起。

3

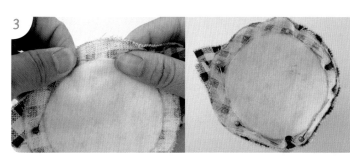

将缝制好的袋身表布在袋底表布上围成一圈，用珠针固定。

4

缝合底部。

5

侧边沿虚线缝合。

6

用同样的方法缝合里袋，将表袋翻至正面。

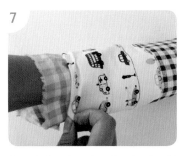

7

将里袋套入表袋中，背面相对，整理好。

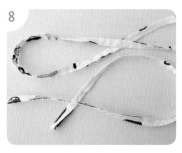

8

将2片布料b缝成两条抽绳。

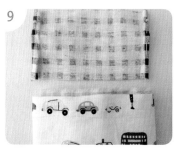

9

将2片布料a的两头往里边折两折，使其与袋口同宽。

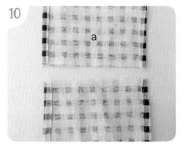

10

将2片都缝好。

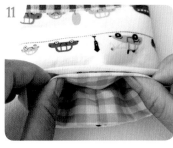

11

处理袋口。将表袋、里袋均往内折。

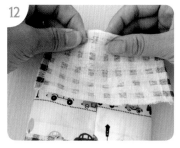

12

将第10步中缝好的布料a对齐袋口，另一面亦同。

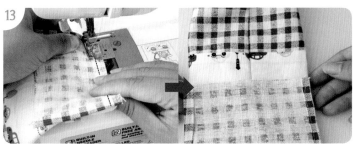

13

缝合。

14

将布料a向内折约1cm。

15

再折一次，包住袋口。

16

用藏针缝缝合。

17

将已做好的两条抽绳以两个相反的横着的"U"形穿入。完成制作。

花朵水壶袋

小猫的玩具球

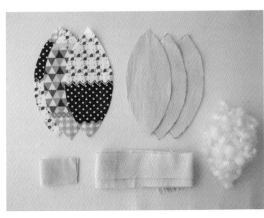

表布: 根据书末纸样剪出6片表布，
两种图案各3片
布条: 2条，约1.5cm宽，长分别
为8cm、80cm
棉花1团

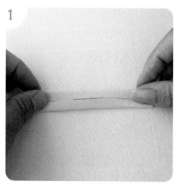

1

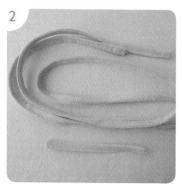

2

3

先处理2条布条：将两边往中间折，再对折，缝合。长布条的首尾两头需往内折再缝合。

缝合好长布条和短布条。

将1片带图案的表布和1片素色表布正面相对。

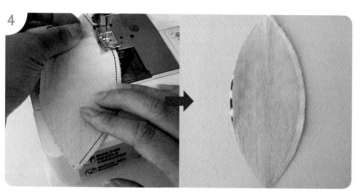

4

5

沿图中虚线缝合一边。

展开。

6

7

8

将短布条缝合的带子按图示对折后缝在两块表布中间。

加入第3片表布，缝合一边（图中虚线处）。

以花布与素色布间隔的方式按第3~5步的方法依次缝合好剩余的表布。

9

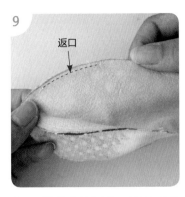

返口

在最后的缝合处留返口（图中虚线处）。

10

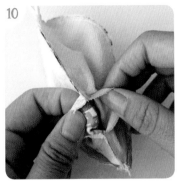

从返口将布袋翻回正面。

11

整理成球体。

12

从返口处塞入棉花。

13

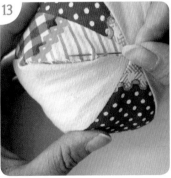

用藏针缝缝合返口。

14

将长绳系上，还可系上铃铛吸引猫咪，完成制作。

宠物窝

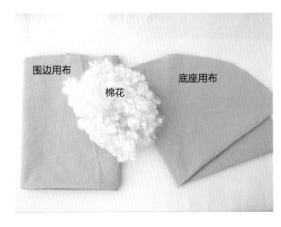

围边用布
棉花
底座用布

· 材 料 ·

围边用布：150cm×50cm

底座用布：直径44cm，2片

棉花：800g

· 步 骤 ·

返口

1 将2片底座用布正面相对，缝合，留返口。

2 翻回正面，将棉花塞进底座。

3 用藏针缝缝合返口。

4 用水消笔在底座上定好4个记号点。

5 穿好尼龙绳，从布团的底部入针，从背面的记号点出针，将线绳拉紧。

6 在同一记号点反复缝几针，在记号点结束打结。

7 缝好四个点。

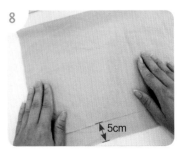

5cm

8 制作围边。将围边用布往下折，距离底边约5cm。

9

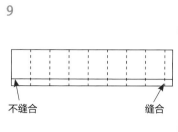

不缝合　　　　　　缝合

按图示将围边分成 8 份，用水消笔画线。

10

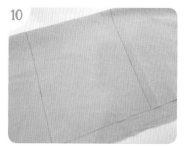

画好后依线缝合（只缝合步骤 9 图中的虚线）。

11

将每一格都塞入棉花。

12

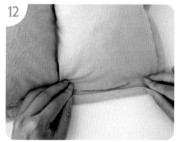

将底部边往上折，与其上边的边缘对齐。

13

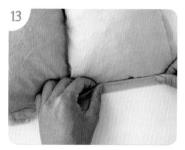

再往上折一次，包住上边，缝合。

14

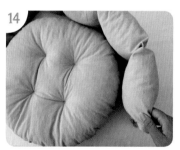

用围边围住底座。

15

将围边未缝合的一边往内折约 1cm。

16

将另一边塞入。

17

用珠针固定，缝合。

18

将围边与底座缝合。

19

完成制作。

纸 样

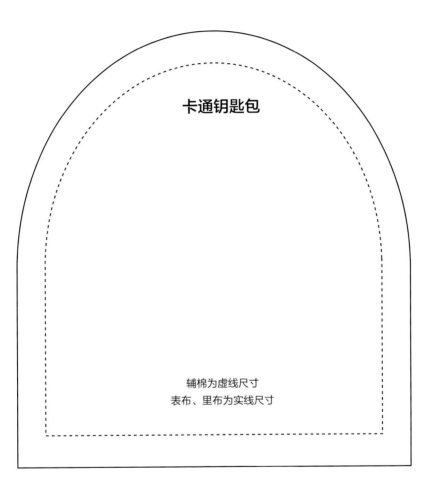

卡通钥匙包

辅棉为虚线尺寸
表布、里布为实线尺寸

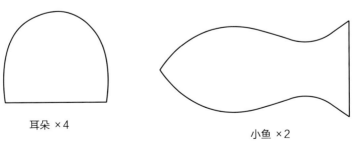

耳朵 ×4

小鱼 ×2

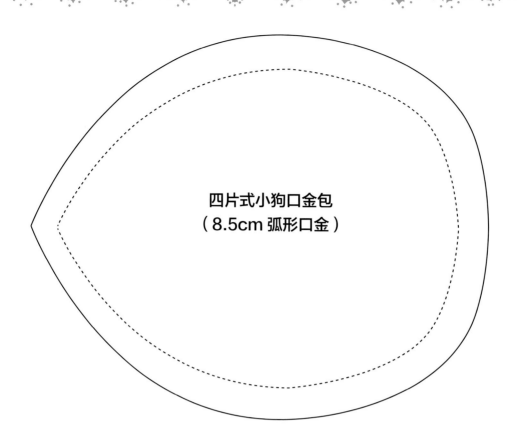

四片式小狗口金包
（8.5cm 弧形口金）

辅棉为虚线尺寸
表布、里布为实线尺寸

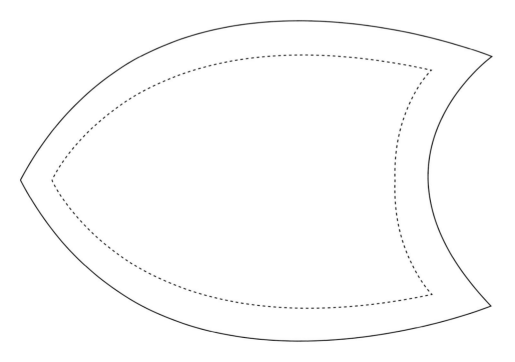

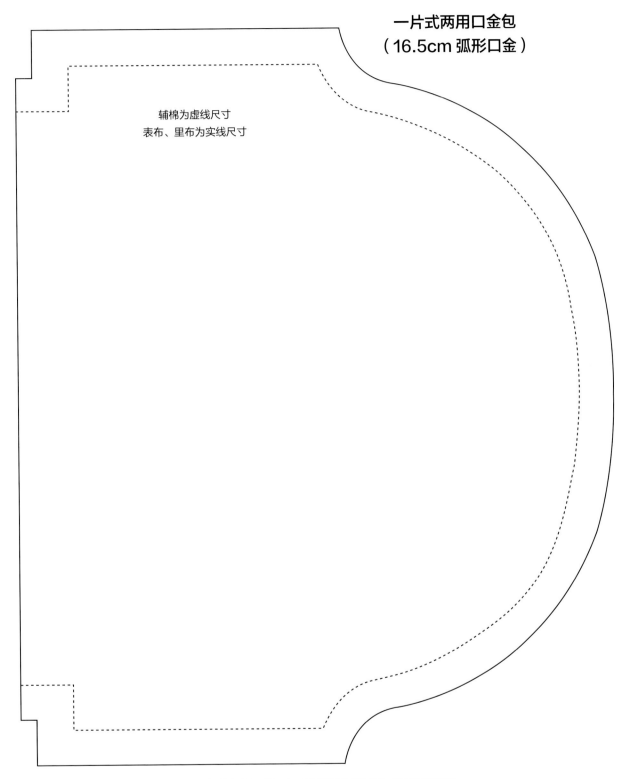

一片式两用口金包
（16.5cm 弧形口金）

辅棉为虚线尺寸
表布、里布为实线尺寸

注：此纸样仅为图形的一半，需根据对称图形再剪一半才是完整纸样

小猫的玩具球

将圆的直径三等分，画另外一个同样
大小的圆，与其直径的三分之一相交，
相交区域即为纸样图形

相交区域

剪 6 片

原大纸样

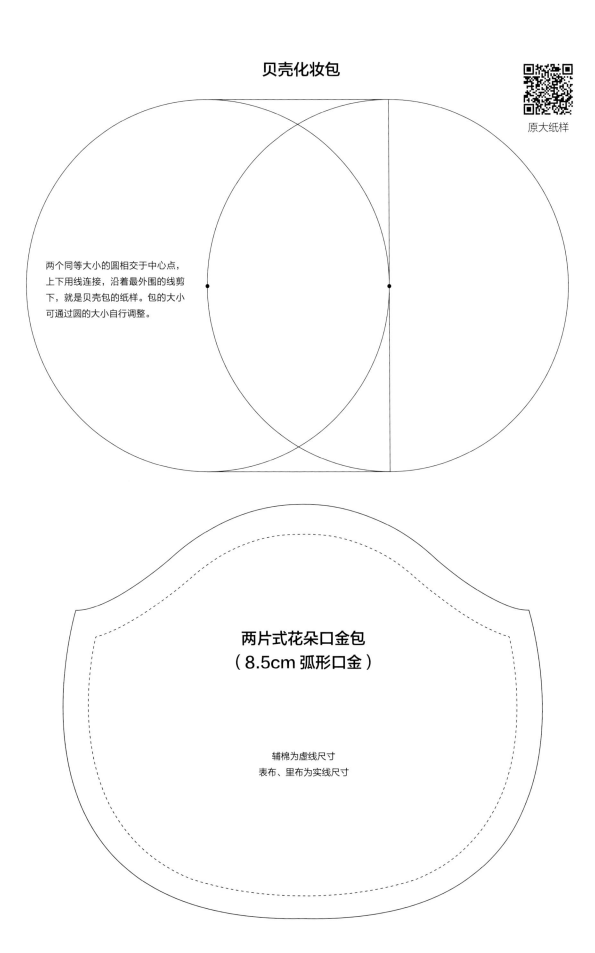

贝壳化妆包

两个同等大小的圆相交于中心点，上下用线连接，沿着最外围的线剪下，就是贝壳包的纸样。包的大小可通过圆的大小自行调整。

原大纸样

两片式花朵口金包
（8.5cm 弧形口金）

辅棉为虚线尺寸
表布、里布为实线尺寸

本书是一本布艺缝纫入门书，内容详细，简单易懂，涵盖初学布艺的常用工具、布料、缝纫基本功、制作要点（含4个视频）。本书中的34个作品实用美观，其中27个作品有详细的教程（含4个视频教程），均都采用实拍步骤图并配详细文字说明的形式，读者可跟着教程一步步轻松完成作品。有些作品还在原有设计的基础上进行了扩展，为读者提供思路，自己设计制作出布艺作品。书末附有部分作品的裁剪纸样。

本书可供零基础布艺爱好者学习、使用，也能为布艺达人提供灵感和创意。

图书在版编目（CIP）数据

布简单.2，花点时间做布艺 / 黄丽莹著；沈丽摄影.
— 北京：机械工业出版社，2018.5
（手工慢调：达人手作课堂）
ISBN 978-7-111-59848-0

Ⅰ.①布… Ⅱ.①黄… ②沈… Ⅲ.①布料 – 手工艺品 – 制作
Ⅳ.①TS973.51

中国版本图书馆CIP数据核字（2018）第088307号

机械工业出版社（北京市百万庄大街22号　邮政编码100037）
策划编辑：于翠翠　　责任编辑：于翠翠
责任校对：黄兴伟　　责任印制：常天培
北京市雅迪彩色印刷有限公司印刷

2018年7月第1版第1次印刷
187mm×260mm·6印张·2插页·134千字
标准书号：ISBN 978-7-111-59848-0
定价：39.80元